MathStart®
洛克数学启蒙 3

MathStart®
洛克数学启蒙③

鲨鱼游泳训练营

[美]斯图尔特·J. 墨菲 文　[美]琳恩·克拉瓦斯 图　吕竞男 译

两位数减法

海峡出版发行集团 THE STRAITS PUBLISHING & DISTRIBUTING GROUP | 福建少年儿童出版社 FUJIAN CHILDREN'S PUBLISHING HOUSE

献给雷尼、汤姆、塔拉、约翰和埃里克。

——斯图尔特·J. 墨菲

献给克洛和杰夫。

——琳恩·克拉瓦斯

图书在版编目（CIP）数据

洛克数学启蒙. 3. 鲨鱼游泳训练营 / (美) 斯图尔特·J.墨菲文；(美) 琳恩·克拉瓦斯图；吕竞男译. -- 福州：福建少年儿童出版社，2023.9
ISBN 978-7-5395-8233-7

Ⅰ. ①洛… Ⅱ. ①斯… ②琳… ③吕… Ⅲ. ①数学－儿童读物 Ⅳ. ①O1-49

中国国家版本馆CIP数据核字(2023)第073880号

LUOKE SHUXUE QIMENG 3 · SHAYU YOUYONG XUNLIANYING
洛克数学启蒙3 · 鲨鱼游泳训练营

著　者：[美]斯图尔特·J. 墨菲　文　[美]琳恩·克拉瓦斯　图　吕竞男　译
出 版 人：陈远　出版发行：福建少年儿童出版社　http://www.fjcp.com　e-mail:fcph@fjcp.com　社址：福州市东水路 76 号 17 层（邮编：350001）
选题策划：洛克博克　责任编辑：曾亚真　助理编辑：赵芷晴　特约编辑：刘丹亭　美术设计：翠翠　电话：010-53606116（发行部）　印刷：北京利丰雅高长城印刷有限公司
开　本：889 毫米 ×1092 毫米　1/16　印张：2.5　版次：2023 年 9 月第 1 版　印次：2023 年 9 月第 1 次印刷　ISBN 978-7-5395-8233-7　定价：24.80 元

鲨鱼游泳训练营
海洋城游泳馆
始建于公元前2000年

星期一的训练结束后，海洋城里的小鲨鱼们热切地聊着一个话题——全国游泳训练营。

“我们能见到最优秀的游泳运动员。”吉尔向往地说。

“我们能学到很多游泳技巧。”斑斑补充道。

吉尔和斑斑分别是游泳队的正、副队长。

“但是去那里得有路费。”小小指出。

“还需要有买午餐的钱！”弗丽和弗莱说，她们是一对孪生的双髻鲨姐妹。她俩好像总是饥肠辘辘。

“需要很多钱才行。”菲恩说，“可惜我们一点儿钱都没有。”

就在这时，蓝教练游了过来，她奋力地挥舞着一份《海洋城新闻》报。

“参加游泳训练营的机会来啦！”她兴奋地说，“为了庆祝海洋城银行成立75周年，这家银行设立了一项特别奖励：凡是本周内在海洋城游泳馆游完75圈的队伍，就能获得他们的资助，参加全国游泳训练营。”

海洋城新闻

“要游这么多圈呀。”小小不太自信地说，“而且我们只剩下 4 天时间。”
“但是我们有 6 个伙伴。”菲恩说道。
“我相信，只要你们一起努力，就可以完成目标。”蓝教练鼓励队员们。
小小深吸一口气，喊道：“我们是鲨鱼，我们无所畏惧！”
“没错！”其他队员也欢呼起来。

星期二，队员们在一旁热身，蓝教练把目标写在一块公告牌上。

然后她吹响哨子，小鲨鱼们开始游泳。6 条小鲨鱼集体游了一圈——从泳池这头游到另一头，然后再游回来。蓝教练大声喊道：“加油，鲨鱼队，加油！”

小小、菲恩、弗丽和弗莱游完2圈后停下来。但吉尔和斑斑还在继续。他们又游完1圈才停下来。

“游得好！”蓝教练大声称赞。

小鲨鱼们看着蓝教练在记事板上把圈数累加起来，又从目标圈数 75 里减去今天游完的总圈数。

“干得漂亮！”蓝教练大声说。

“现在我们只剩下 61 圈了。”弗莱一边说，一边和弗丽狼吞虎咽地吃着点心。

5个1减去4个1等于1，
7个10减去1个10等于
6个10。
鲨鱼马拉松
目标圈数：
星期二 75
-14
61

今天是星期三，小鲨鱼们迫不及待地跳入游泳池。

“小鲨鱼们，入水时间到了！”蓝教练一边吹哨子一边喊。

小鲨鱼们拼命地游啊游。小小游完 2 圈后停下来，但其他队员全都游了 3 圈。

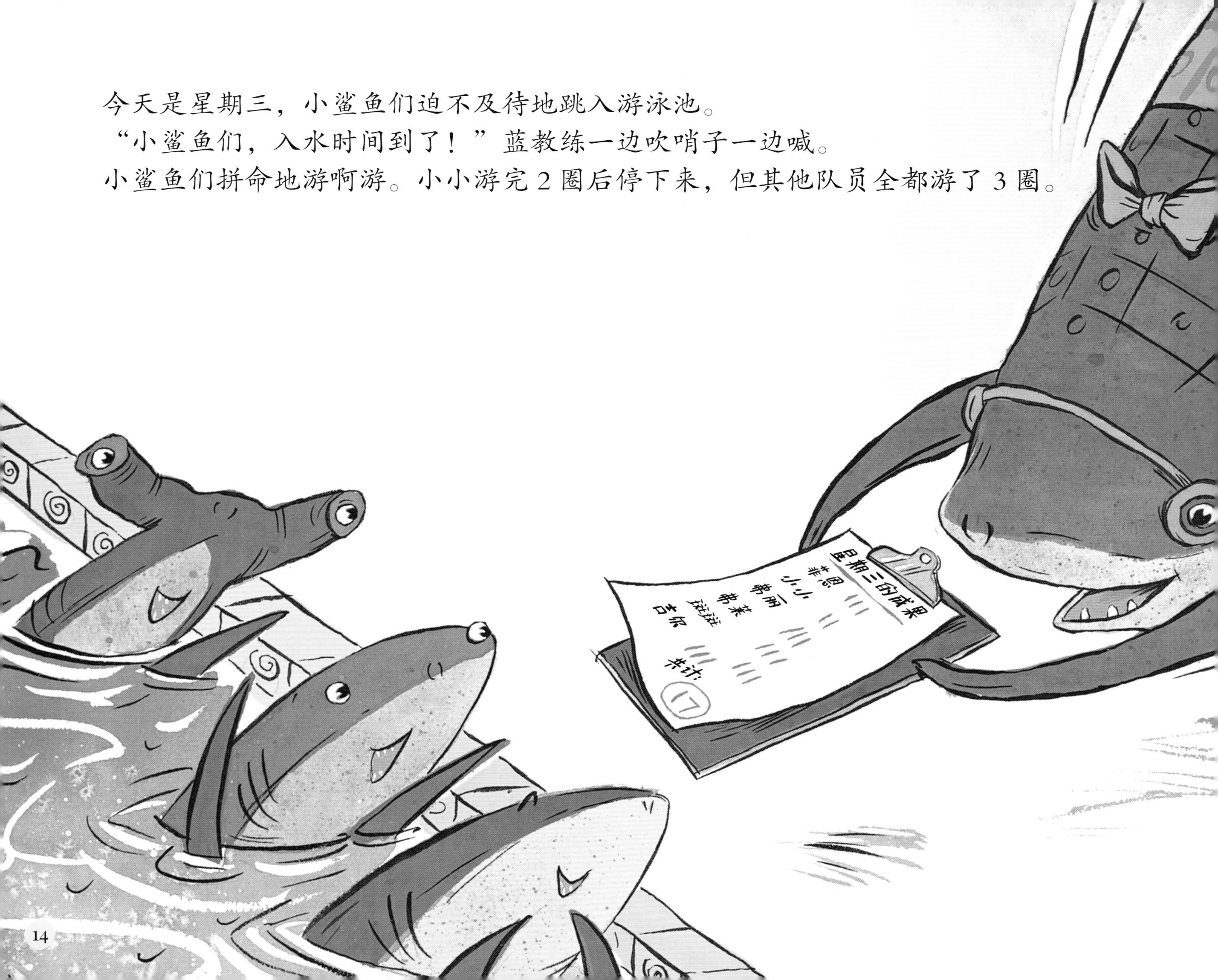

当蓝教练计算圈数时，小鲨鱼们全都围过来看。
算出总数后，她从剩余圈数里减去星期三游完的总圈数。
“还有44圈。”蓝教练大声宣布。

星期四，小鲨鱼们全都提前到达游泳馆。
“希望我们能完成目标。”斑斑看着公告牌说。
“我也希望。”吉尔说。

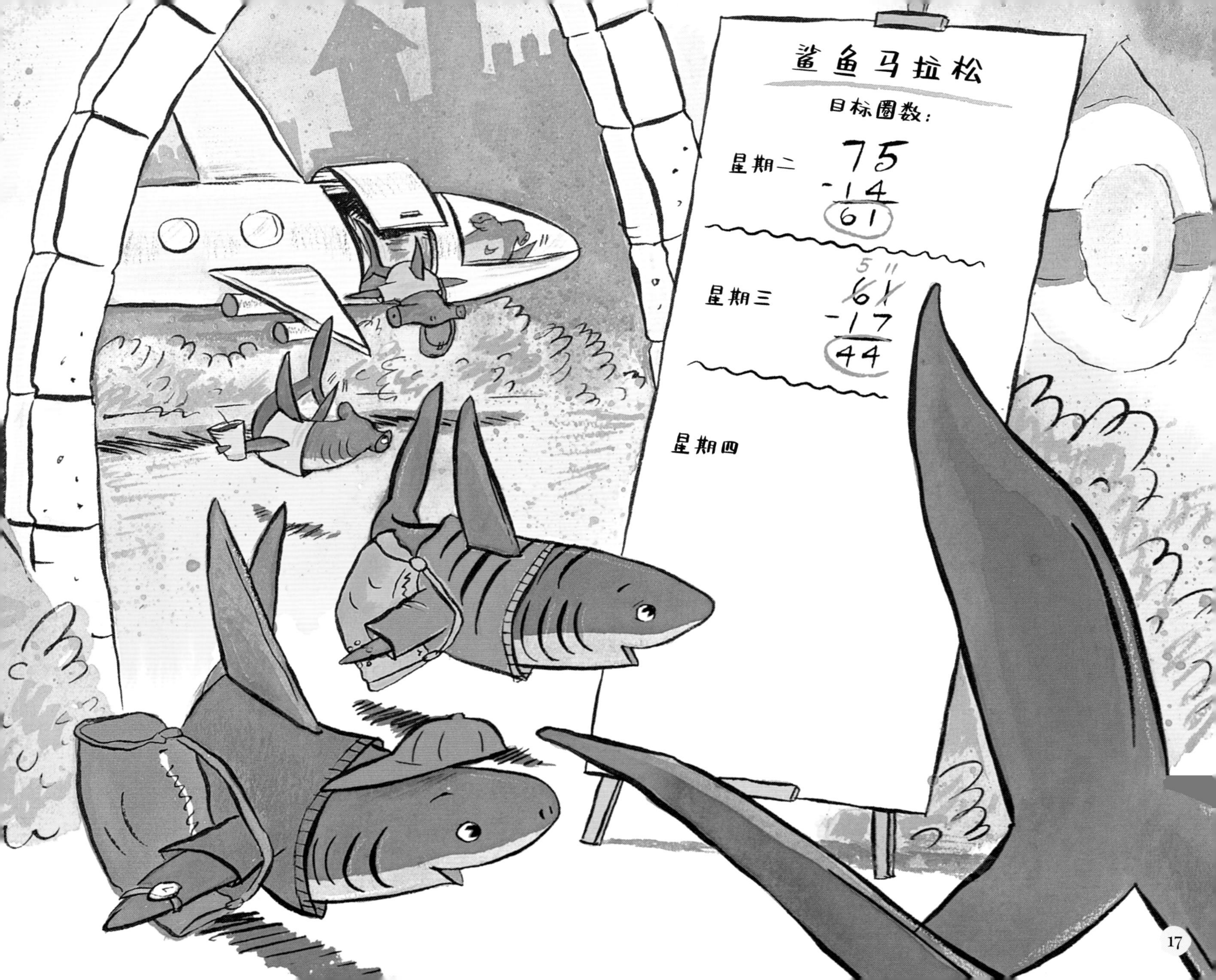
鲨鱼马拉松
目标圈数：
星期二
75
-14
61
星期三
5 11
61
-17
44
星期四

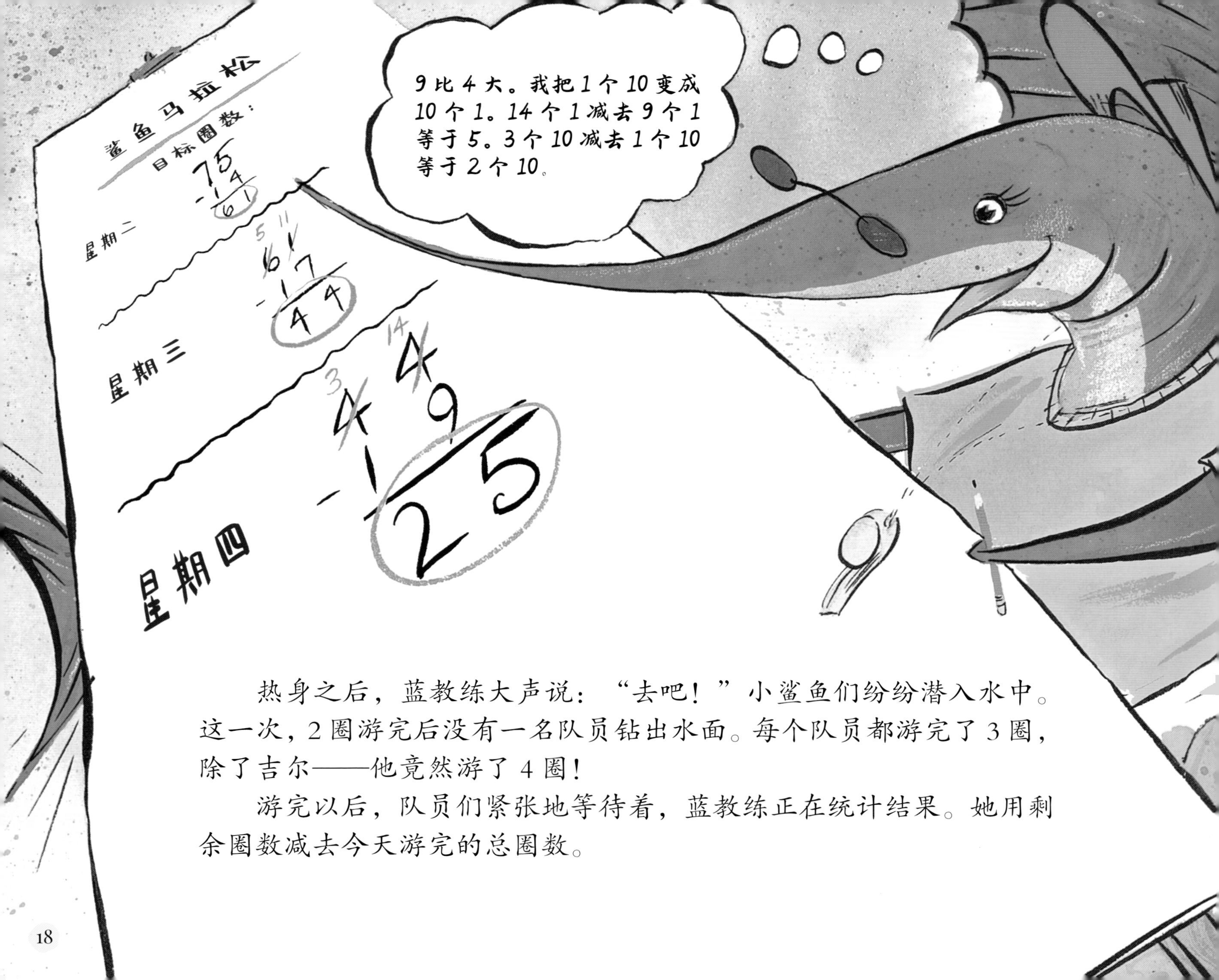

热身之后，蓝教练大声说："去吧！"小鲨鱼们纷纷潜入水中。这一次，2圈游完后没有一名队员钻出水面。每个队员都游完了3圈，除了吉尔——他竟然游了4圈！

游完以后，队员们紧张地等待着，蓝教练正在统计结果。她用剩余圈数减去今天游完的总圈数。

“太棒啦！”蓝教练表扬队员们，“大家做得非常好，现在只剩下25圈了。”

小鲨鱼们休息时，弗丽问道：“全国游泳训练营会为我们提供什么食物？真想早点知道。说不定有玉米卷饼呢。”

“我最喜欢吃玉米卷饼。”弗莱说。

“我也是。”弗丽十分赞同。

星期五，大家热身完毕后准备开始游泳了，可是吉尔却迟迟未到。

“他去哪儿了？”菲恩问。

“我来了。”吉尔一边呻吟着，一边慢腾腾地游过来。

“你怎么了？”菲恩吃惊地喊道。

“我骑自行车时摔倒了。”吉尔痛苦地解释，“医生说我整整一个月都不能参加训练了！”

“啊，怎么会这样！”小小和斑斑哀叹道。
“全国游泳训练营没戏了。”弗丽叹了口气。
“吃不到玉米卷饼了。”弗莱也叹了口气。

小鲨鱼们围在蓝教练身边。

“少了吉尔，我们肯定达不成目标。”小小摘下泳镜，失望地说。

“不对，我们一定可以。”斑斑看着公告牌坚定地说，“只要我们每人都游 5 圈，就一定能成功。”

“记住，”吉尔说，“我们是鲨鱼……”

“……我们无所畏惧！”小小补充道。说完，她就戴上了泳镜。

星期二
75
-12
6
星期三
61
-17
44
星期四
44
-19
25

看着其他鲨鱼伙伴在水中猛冲，吉尔在一旁为他们加油鼓劲。
斑斑以破纪录般的速度游完了 5 圈。
弗丽和弗莱紧随其后，也游完 5 圈。
菲恩十分艰难地坚持到了第 5 圈的终点。

只剩下小小还在水中游着。
“加油，小小！”队员们大声叫着。
“为了吉尔，加油！”斑斑喊道。
“为了玉米卷饼，加油！”弗丽和弗莱也喊了起来。

最后，小小喘着粗气，总算游到了第 5 圈的终点。所有队员都跳回游泳池。

“好样的，伙伴们！”吉尔喊道。

蓝教练吹响哨子，召唤小队员们。
“你们难道不想看一看结果吗？”她问。
小鲨鱼们全都冲过去看公告牌。蓝教练已经写下每位队员取得的成绩。
“全国游泳训练营，我们来啦！”斑斑欢呼道。
“玉米卷饼，我们来啦！”弗丽和弗莱也一起欢呼起来。

鲨鱼马拉松
目标圈数：
星期二
75
-14
61
星期三
5 11
61
-17
44
星期四
3 14
44
-19
25
星期五
25
-25
0
剩余!!!
0圈
剩余0个1
和0个10。

第 2 天，小鲨鱼们登上了《海洋城新闻》的体育版。
1 个月后，全体队员都加入了全国游泳训练营。

欢迎来到
全国游泳训练营
报到处
5
2
玉米卷饼

《鲨鱼游泳训练营》中所涉及的数学概念是两位数的减法。掌握了两位数的减法后，孩子才能进一步掌握更大数字的减法。

对于《鲨鱼游泳训练营》中所呈现的数学概念，如果你们想从中获得更多乐趣，有以下几条建议：

1. 和孩子一起读故事，引导孩子描述每一幅图的情节。聊一聊每次训练结束后，蓝教练在公告牌上写的内容，同时提出问题："全队总共游了多少圈？""还需要再游多少圈？"

2. 在这个故事中，蓝教练所使用的是传统的两位数减法。本页右侧还列出两位数相减的其他计算方法。鼓励孩子尝试用其他方法来计算，甚至可以自创新方法。

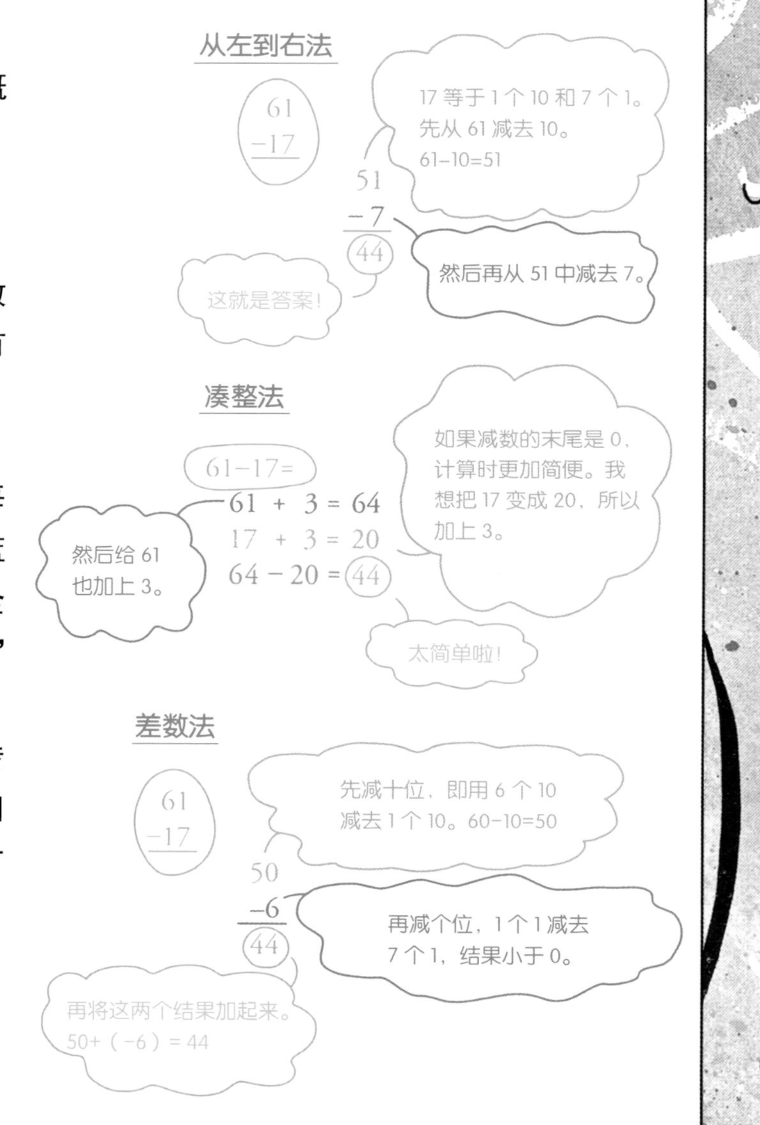

从左到右法
61
−17
17 等于 1 个 10 和 7 个 1。先从 61 减去 10。61−10=51
51
−7
44
然后再从 51 中减去 7。
这就是答案！
凑整法
61−17=
61 + 3 = 64
17 + 3 = 20
64 − 20 = 44
如果减数的末尾是 0，计算时更加简便。我想把 17 变成 20，所以加上 3。
然后给 61 也加上 3。
太简单啦！
差数法
61
−17
先减十位，即用 6 个 10 减去 1 个 10。60−10=50
50
−6
44
再减个位，1 个 1 减去 7 个 1，结果小于 0。
再将这两个结果加起来。50+（−6）= 44

如果你想将本书中的数学概念扩展到孩子的日常生活中，可以参考以下这些游戏活动：

1. 计算器游戏：需要两位玩家和一个计算器。在计算器上输入“101”，每个玩家轮流减去 1 到 9 之间的任何数字。最先得到零的玩家获胜。

2. 里程表游戏：开车旅行时，让孩子记录里程表的里程数，然后隔一段时间让孩子计算开过的里程总数。

3. 存钱游戏：至少需要两位玩家参与。每位玩家手上有 8 枚 1 元硬币，“银行”存有大约 50 枚 1 角硬币，再准备 15 张分别标着数字 1 到 15 的卡牌。游戏开始时，每位玩家各持有 8 枚 1 角硬币。把卡牌打乱，正面朝下放在一起。每位玩家轮流抽牌，按照卡牌上的数字把钱存入“银行”。如果玩家没有足够的零钱，需将 1 元硬币兑换成 10 枚 1 角硬币。最早把钱全部存入“银行”的玩家获胜。

洛克数学启蒙

《虫虫大游行》	比较
《超人麦迪》	比较轻重
《一双袜子》	配对
《马戏团里的形状》	认识形状
《虫虫爱跳舞》	方位
《宇宙无敌舰长》	立体图形
《手套不见了》	奇数和偶数
《跳跃的蜥蜴》	按群计数
《车上的动物们》	加法
《怪兽音乐椅》	减法

《小小消防员》	分类
《1、2、3，茄子》	数字排序
《酷炫100天》	认识1~100
《嘀嘀，小汽车来了》	认识规律
《最棒的假期》	收集数据
《时间到了》	认识时间
《大了还是小了》	数字比较
《会数数的奥马利》	计数
《全部加一倍》	倍数
《狂欢购物节》	巧算加法

《人人都有蓝莓派》	加法进位
《鲨鱼游泳训练营》	两位数减法
《跳跳猴的游行》	按群计数
《袋鼠专属任务》	乘法算式
《给我分一半》	认识对半平分
《开心嘉年华》	除法
《地球日，万岁》	位值
《起床出发了》	认识时间线
《打喷嚏的马》	预测
《谁猜得对》	估算

《我的比较好》	面积
《小胡椒大事记》	认识日历
《柠檬汁特卖》	条形统计图
《圣代冰激凌》	排列组合
《波莉的笔友》	公制单位
《自行车环行赛》	周长
《也许是开心果》	概率
《比零还少》	负数
《灰熊日报》	百分比
《比赛时间到》	时间